U0141624

2011 不求人文化

2009 懶鬼子英日語

I'm 我識出版集團
I'm Publishing Group
www.17buy.com.tw

2005 意識文化

2005 易富文化

2003 我識地球村

2001 我識出版社

2011 不求人文化

2009 懶鬼子英日語

I'm 我識出版集團
I'm Publishing Group
www.17buy.com.tw

2005 意識文化

2005 易富文化

2003 我識地球村

2001 我識出版社

完全圖解1小時學會

精準行銷

超実践
マーケットイン
企画術

七個企劃模組幫你完全命中客群需求

前言

又要啟動新的
行銷企劃案了！

之前的案子也
完全不順利……

到底該怎麼辦
才好啊啊啊～！

本書就是
為了解決你的這種煩惱！

其實我自己也是過來人……
30 歲時我當上產品企劃，
規劃的產品完全賣不好……

但是，
從我理解，
要達到精準行銷，
只要做好「**市場導向**」的企劃開始，
一切就有了巨大的改變！

完全圖解1小時學會精準行銷

目錄

> 我的這套方法，
> 絕對簡單、具體、
> 可複製！

第 **1** 章　精準行銷與企劃執行的梳理：七大模組的生成原理

第2章　活用七大模組初階版：以銷售提升為例

第3章　活用七大模組進階版：以人才培育為例

第4章　行銷企劃時該注意的陷阱

附錄　七大模組

第 **1** 章

精準行銷與
企劃執行的梳理

七大模組的生成原理

達成精準行銷在於 做出「市場導向」的企劃

然而，什麼是「市場導向」呢？

下一個企劃要以市場導向
的想法來進行。
重點是顧客的角度。
交給你啦。
我很期待喔！

聽到主管這麼說，你是否非常煩惱「該怎麼辦才好？」

這時，即使問主管：

那個 ......
市場導向的想法
具體而言
該怎麼做呢？

我書讀得少
真的很
不好意思 ......

「不要問我！」
說真的，主管也不曉得 ......

【 market-in 】

話說
市場導向是什麼？
具體而言
該怎麼做呢？

產品導向經常被拿來和**市場導向**做比較。同樣是在產品開發階段，兩者的思考點就完全不同。

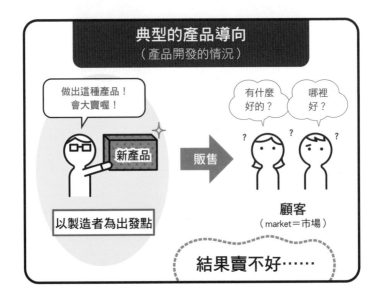

典型的產品導向
（產品開發的情況）

做出這種產品！
會大賣喔！

新產品

販售

有什麼好的？

哪裡好？

以製造者為出發點

顧客
（market＝市場）

結果賣不好……

以製造者的出發點去思考，顧客也感受不到產品的好處。

→**結果，很難獲得成功。**

但是在這當中，也有
成功的產品導向案例。
（容後介紹）

而**市場導向**是這麼回事。

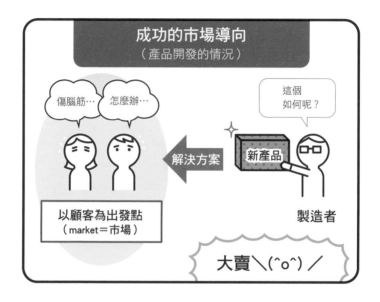

從顧客的出發點思考。

→結果，大多會成功。

但是在這當中，也有
**失敗的市場導向案例，
必須注意！**（容後介紹）

那麼該如何以「市場導向」的思考方法來展開精準行銷呢？

當時擔任產品企劃，30歲的我如此思考：

只要仔細聆聽顧客的要求，贏過競爭對手就行了！

因此，我徹底調查競爭對手的暢銷產品，
企劃、開發出比較後能勝出的產品，並且發表。

公司內部的推銷員也掛保證：「這樣一定會贏！」

可是仍然賣得不好。我調職當上產品推銷員，
2年內在全國東奔西走到處推銷，總算才把產品賣出去。

哎呀～
真是不得了～

幾年後……

我的公司IBM設立了行銷職務，我調職到行銷部門，並且學習行銷學。

這時我明白了市場導向真正的意義。

關鍵字是

價值主張。

感覺有點饒舌的名詞呢……

市場導向的關鍵在於「價值主張」的設定

所謂「價值主張」，
是指**「對於對方，只有自己才能提供的價值」**。

> **若是戀愛，就是「我只要和○○在一起」；
> 若是做生意，就是「顧客購買的理由」，
> ……就像這樣。**

　　好的**價值主張**就是找到「非我不可的供需交集」，可以從下列3個要素來思考。

| 目標客群所需的價值 | 競爭對手能提供的價值 | 自己能提供的價值 |

在此，將3個圓形重疊，試圖找出交集。

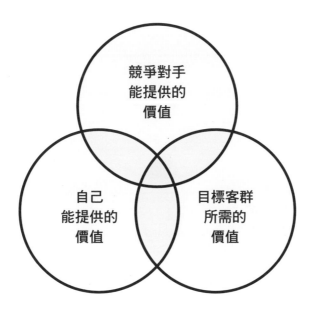

那麼，正確的價值主張，應該在哪裡呢？

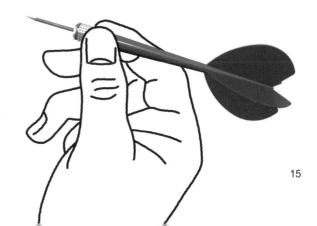

其實有不少人會瞄準**這裡**。

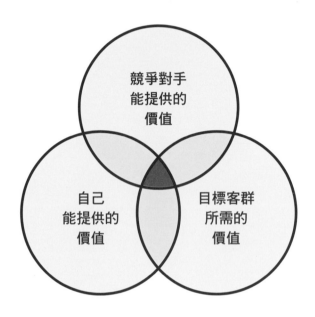

但這是**錯誤的市場導向**！
和競爭對手在同一個條件下競爭，
只會進入消耗戰。

不禁無意識地
瞄準這裡呢……

其實，我也沒資格說大話。

曾經擔任產品企劃的我，如同前幾頁敘述，當時我企劃的產品，就結果而言也是瞄準**這裡**。

和暢銷產品在同一個條件下，為了獲得顧客而一決勝負。
所以在銷售戰中不斷消耗。

我、我好累⋯⋯

實際上，許多人構思的企劃，大多是**這個部分**。

雖然很嘮叨，不過因為很重要，所以再列出1次。

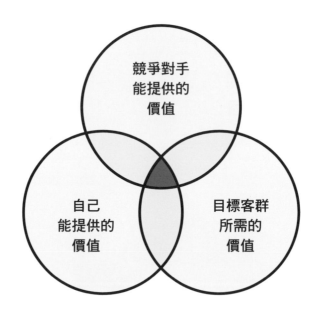

這一塊，意味著「仿製競爭對手暢銷產品」的產品企劃，而這正是典型的作法。

因為製造和暢銷商品同樣的東西，所以乍看之下風險很低。

然而在顧客眼中，可不是那麼一回事。

已經有暢銷產品了，如果是同樣的產品，顧客會選擇暢銷產品！

仔細思考，這是理所當然的。

沒有決勝處，只不過是模仿。

所以才會陷入消耗戰。

嗚啊！

原來這裡只會消耗……

決勝的價值主張到底在哪？

所以，非我不可的**價值主張**，就在**這個部分**。

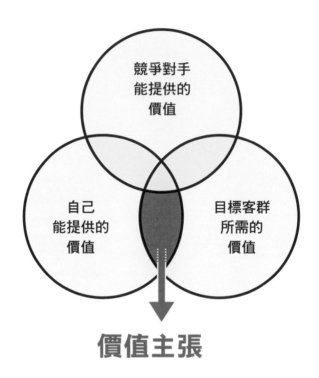

可以整理出，所謂價值主張是指：

> ‧ **目標客群的需求，**
> ‧ **競爭對手無法提供，**
> ‧ **唯有自己才能提供的價值。**

在成功的市場導向企劃中，往往

價值主張非常明確！

> 寶藏埋在
> 沒有競爭對手，
> 且目標客群有需求的
> 地方呢！

然而，或許你會這麼想：

> 真的有
> 那麼好的事嗎？

大家知道MECHAKARI嗎？

這是推展女性專屬服飾店的Stripe International，所提供的**定期定額服裝自由租借服務**。

透過MECHAKARI能以月費6800日圓，一個月最多租借3件時髦的服裝，而且全都是新品，包含約50家服飾品牌、多達數萬件的衣服。

客群包含這樣的女性：

從地方縣市升上都會的大學生，「以前一直穿制服，在大學裡有很多女孩打扮得相當時髦，那我該穿什麼才好呢？」

帶小孩的媽媽，「偶爾想要像以前一樣，穿穿看不同的衣服」。

Mercari等二手拍賣平台或網購很普及，能輕易地買到各種衣服。然而上述這兩個客群在網購或Mercari卻很難挑選衣服。

因此創造出MECHAKARI的STRIPE Int'l公司認為，「在升學、就職、生產等不同的人生階段，會有定額自由租借的需求」。

MECHAKARI的價值主張是這樣：

【競爭對手
能提供的價值】

●網購（ZOZO／亞馬遜）、二手拍賣平台（Mercari）

「能比較產品，立即購買」

【自己能提供
的價值】

●Stripe的MECHAKARI

「自家公司製造時
髦的衣服，也有舊
衣專用網站」

【目標客群所需
的價值】

●處於人生階段的女性

「如果能自由租
借時髦的服裝就
好了」

【價值主張】

以月費6,800日圓，一個月可自由租借
3件新品衣服。包含約50家服裝品牌、
多達數萬件的選擇。

「月費6800日圓才借3件新品衣服？這樣有賺到嗎？」大家可能會心裡產生疑問。

關鍵在於自家公司營運的另一個舊衣販售網站。歸還的新品衣服會拿到舊衣販售網站販賣，因為都是只穿過幾次的衣服，所以95％都賣得掉。

相對於商品定價，MECHAKARI 的出借費用是 2 折，舊衣售價是 5 折，合計可回收 7 成。

如果是一般店鋪，僅能回收定價的 6 成。

其實，營業額比店鋪還要高。

（示意圖）

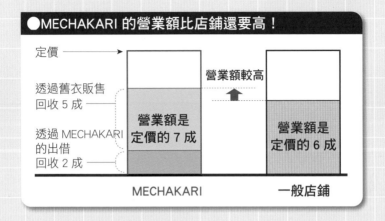

● MECHAKARI 的營業額比店鋪還要高！

此外自家公司製造時成本是定價的3～4成，網購的進貨價是定價的5～6成，因此成本比起網購也較低。

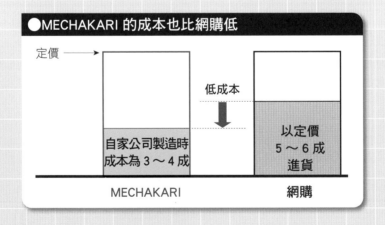

● MECHAKARI 的成本也比網購低

MECHAKARI的收益性也比較高。

（以上參考〈定額自由租借新品衣服的「MECHAKARI」強大的理由〉週刊東洋經濟2019.1.26）

正如此例，所謂好的行銷企劃

大家都想要，
卻不可多得。

為了得到好的企劃，
只要一開始找到對的「價值主張」
就行了。

只要創造價值主張，
這個企劃就
成功了一半。

相反地沒有價值主張，
再怎麼努力也
很難成功……

並且，想要創造價值主張，完全不用特殊才能，只要學習方法論，任何人都能創造！

好的「價值主張」
可以避免紅海競爭

話說假如競爭對手都很強大，
目標對象也難以做出抉擇。

高嶺之花子小姐

　　想要在這種狀況下虜獲美人芳心，簡直是難如
登天。

應該徹底避免競爭！

行銷企劃所需要的不是競爭，而是尋找與自己合得來目標對象。

價值主張是尋找合得來的目標客群，製作企劃的方法。

從「企劃」到「計畫」

有個詞語「計畫」和企劃很像。

不過企劃和計畫完全不同。

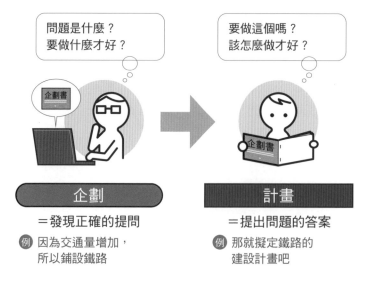

企劃的作用是發現「該做什麼?」這個**正確的提問**。

計畫的作用則是面對提問回答「可以這樣做」。

明明沒有企劃（正確的提問），突然要擬定計畫是不行的。

不行！　　　　　　　　　　　　不行！

PETER DRUCKER

彼得・杜拉克先生也這麼說：

> 重要且困難的工作一向不是去找到正確答案，而是找到正確的問題。

順序必須是先擬定企劃，再擬定實現企劃的計畫。

順帶一提，在公司裡也有各種企劃。代表例子如同下述：

●事業企劃
要做哪些事業？

●產品企劃
要製造哪種產品？

●銷售企劃
要如何銷售？

●業務企劃
要如何進行公司內部的業務？

本書的方法論
在這些企劃中
全都能夠活用

在第2章將介紹「事業企劃」的案例，

在第3章則將透過實例介紹人才培育業務，作為「業務企劃」的案例。

（兩者都是我自己身為當事者所企劃、執行的真實案例。）

企劃的目的
是要解決問題

　　藉由企劃思考價值主張之前，應該思考一件事。

話說這項企劃
能改變什麼？

　　很多企劃令人完全搞不懂，能改變世上的哪些事。

像是這種感覺：

> 總之先構思企劃吧！

> 這項企劃能改變什麼事？

> 咦？我沒想過呢～因為是
> 企劃啊！就先試試嘛～

> 呃，話說這是為什麼要做？

> 做這項企劃是有意義的。

> 有什麼意義？

> 因為是方針，所以只能做啦！

> 那麼，目標是什麼？

> 所以說，做這件事的意義是
> （麻煩的傢伙⋯⋯早知道就不問了。）

話不投機，來回兜圈子，
於是上班族時代的我被人討厭。

企劃的目的是**改變某些事**。例如：

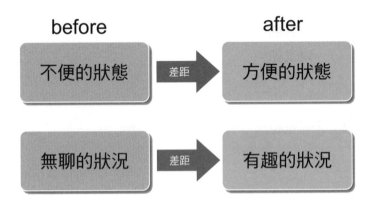

而出發點正是，

透過這項企劃
能解決什麼？

缺乏這點的企劃，不會產生價值。

至於要解決什麼問題，經由**差距分析**思考即可。

・應有的樣貌為何？
・現況如何？
・差距為何？

這個差距正是**應該解決的問題**。

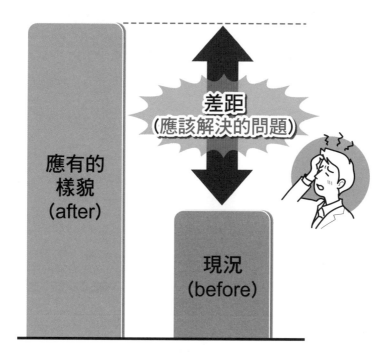

Stripe開創的MECHAKARI也是，**應該解決的問題**非常明確。

> **Stripe的社長非常煩惱。**
> 　　Stripe想要成為進化的全新時尚集團。另一方面，現在已經是能透過網購或二手拍賣App、輕易比較衣服進而馬上購買的時代。衣服的二手和出借市場擴大，服飾店的實體販售陷入苦戰，市場不斷被侵蝕。
> 　　再這樣下去服飾店會全面潰敗。既然如此……

在被 IT 新創公司幹掉之前，靠自己創造市場吧！

他如此思考，並且開創了MECHAKARI。

差距分析後會是這樣：

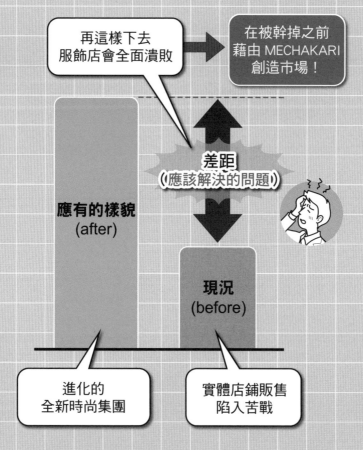

2015年展開服務的MECHAKARI，在2019年7月付費會員數為1萬3千人。

扣除廣告宣傳費後，稅前利潤轉為黑字。

例如，發生「年營業額只有預估目標的一半」這個問題，將問題進行差距分析後，會變成這樣：

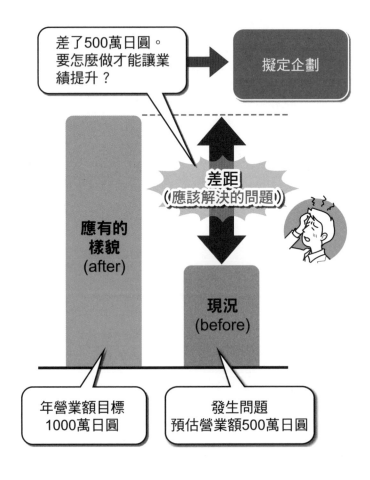

不清楚應該解決的問題，即使構思了再多企劃，也無法解決任何問題。

這是當然的！這種企劃──

在企劃的一開始，思考**應該解決的問題**是什麼之後，接著應該思考**價值主張**。

抓出目標客群的「痛處」

價值主張的關鍵在於——

目標客群的痛處。

想要掌握目標客群的痛處，需思考下列3點：

> ①目標客群是誰？
> ②目標客群有著哪些痛處？
> ③消除痛處的解決方案是什麼？

因為誰也無法解決痛處，所以目標客群感到痛苦。

應該鎖定的目標客群不是這些人。

目標客群應該是這些有著痛處的人。

　　若能**解決痛處**，就會變成唯一的選項，也能迴避消耗戰。

然而目標客群的痛處，就算關在房間裡想破頭也很難發現。

目標客群的痛處？
唔嗯～唔嗯～
再怎麼想也想不透……

←許多人進行的模式
（這麼說，我也常常這麼做。）

要理解目標客群是當務之急，
然而這樣想的人也不少：

那我去問目標客群
有什麼痛處就好啦！

←這也是許多人進行的模式

不過，這是**錯誤的市場導向**。

我想告訴各位一個令人震驚的事實。

有著痛處的人，沒想到
自己並未察覺到痛處！

即使問對方：「請說出你的痛處。」大部分只
會得到這種回答：

MECHAKARI也正是如此。

即使問在店裡購物的顧客：「有什麼問題嗎？」也只會得到「沒問題」的回答。

顧客不能好好地表達自己的煩惱和痛處，
他也沒有義務告訴你。

有什麼問題嗎？

咦？完全沒問題唷～

　　如果發現連目標客群也沒察覺的痛處，並提供解決方法，企劃就會成功。

　　如果比喻成冰山，**痛處**會藏在這種地方！

這裡無論是目標客群本人或競爭對手都有察覺

真正的痛處
（這裡連目標客群本人都沒有察覺）

　　所以光是發問也搞不懂。
　　因此，有一個**發現痛處的方法**！

就是仔細
觀察目標客群！

盯

　　自己實際眼見、耳聞，就能
得知目標客群的痛處。

我好飽

　　謹慎地觀察，或
是聽人說話時，我們
會在不知不覺間獲得
實在很龐大的資訊。

咦？

　　這時感覺到的小
小不搭調，正是企劃
的提示！

換言之——

不入虎穴焉得虎子！

應該在現場觀察目標客群！

> 企劃的提示，
> 不是在會議室裡，
> 而是掉在現場！

……青島刑警＊也
這麼說。

　　MECHAKARI的起因，也是Stripe的社長到處詢問身邊的女性。

＊經典日劇《大搜查線》的主角。

觀察的對象不限於目標客群，
即使觀察自己，也能了解痛處！

觀察自己也是個
辦法啊……

10分鐘就能剪髮的QB HOUSE也是，創業者在剪髮時心想：

話說為何
只是剪個頭髮
也得花上1小時？

……起因是他自己察覺到這點，進而催生出快剪理髮店。

終極的市場導向，
就是終極的產品導向！
將自己徹底成為目標客群，
解決自己的痛處！

史蒂夫‧賈伯斯
(STEVE JOBS)

賈伯斯完全不聽使用者的意見，這件事非常有名。

乍看之下是產品導向……

然而他身為最嚴格的蘋果使用者，持續斟酌產品。其實賈伯斯正是**產品導向的成功示範**。

這簡直是……

終極的市場導向！

所以蘋果商品才會受到喜愛。

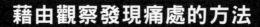

藉由觀察發現痛處的方法

下點功夫，從觀察就能得知許多事情，底下介紹幾個重點。

①不侷限於成見，老實地觀察

喔～我完全不知道。

老實一點

②同理目標客群的立場，產生共鳴

好像有什麼困擾？

產生共鳴

③重視靈感和直覺

咦？感覺有點奇怪。

相信直覺

④在意的事要勤做筆記，累積資訊

這個和那個一樣呢！

做筆記

⑤乍看是垃圾資訊也要抓住

這種地方竟然有提示！

hint!

貪婪地尋找各種資訊

⑥享受和目標客群的對話

喔～原來如此。

享受對話

參考《イノベーションの達人！（暫譯：革新高手！）》
（湯姆・凱利著，早川書房）

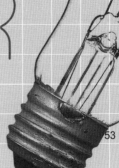

活用自己的「長處」
提供解決方案

發現痛處了！
企劃絕對萬無一失！

等一下！

　　雖然觀察並發現痛處非常重要，但若只有如此可不行！

目標客群擁有各種選項。

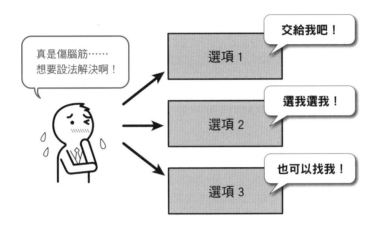

　　唯一需要的，是你的企劃必須成為最佳的解決
方案。

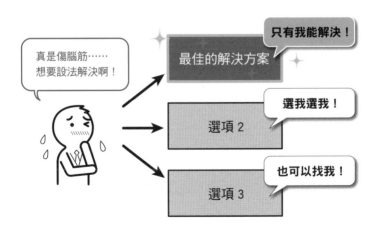

為了成為最好的那一個……

要活用自己的長處！

若能活用長處，成為解決目標客群痛處的唯一選項，對方自然會選擇你。

縱使你的長處不夠強也沒關係，
只要成為唯一的選項就行了！
再來只須加強長處即可。

順帶一提，「雖然規劃了活用長處的產品，卻賣得不好」是常有的事。

這是因為面對目標客群的痛處，並沒有提出解決方案，所以請記住，出發點一定是目標客群的痛處。

痛處和長處的關係如下：

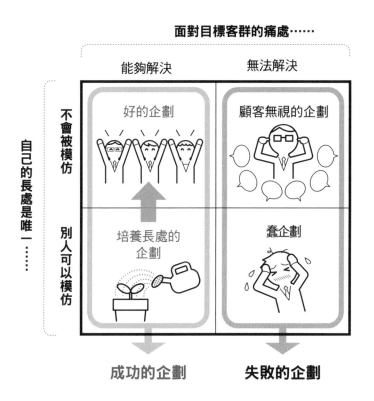

面對目標客群的痛處……

出發點終究是目標客群的痛處。

面對痛處，自己的長處是唯一，而且最好是別人不能模仿，假如別人可以模仿，就要加強長處。

想要看清長處，經營學家傑恩・巴尼（Jay Barney）提倡的**VRIO**這個觀點很有幫助。

所謂長處，面對下列4個問題時，回答Yes的便是。

①就目標客群而言具有價值嗎？（Value）
②具有稀少性嗎？（Rarity）
③難以模仿嗎？（Inimitability）
④具有組織的機制嗎？（Organization）

這四個評估要點的英文字頭連起來就是 **VRIO**。

Repeat after me.
V R I O.

「就目標客群而言具有價值，也具有稀少性，難以模仿，還有組織的機制」，這就是長處。

讓我們逐一檢視。

---

①就目標客群而言具有價值嗎？（Value）

長處是否具有價值，是由目標客群來決定的。

解決目標客群的痛處，正是長處發揚光大的出發點。

明明無法解決痛處卻自認為「長處」，那只不過是自以為是的誤解。

---

②具有稀少性嗎？（Rarity）

　　如果還有其它競爭，算是較弱的長處。
　　只有自己才做得到的事，才是強度高的長處。

③難以模仿嗎？（Inimitability）

　　就算只有自己才做得到，假如競爭對手很快就能模仿，長處就不會持續。
　　如果不能模仿，就會變成能維持的長處。
　　加強為不易被模仿的長處吧！

④具有組織的機制嗎？（Organization）

　　此外如果組織方面具有活用長處的機制，就會變成真正的長處。

如果清楚評估長處的結構VRIO，就會明白如何重新檢視及加強長處。

> 假如①和②不行，就重新檢視長處。
> 假如①和②可以就進行，不過假如③和
> ④不行，就一邊思考應變方案一邊進行。

「長處是〇〇〇〇！」

①目標客群認為有價值	假如不行，就	重新檢視長處
②稀少性	假如不行，就	重新檢視長處
③模仿困難度	假如不行，就 加強長處
④組織的機制	假如不行，就 打造機制

逐一
檢視

應變
方案

加強長處時有個關鍵。

用乘法能讓長處
變得難以模仿。

就算唯一的長處會被模仿，如果是多項長處加乘，就會變得難以模仿。

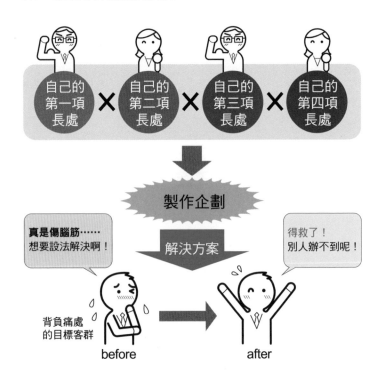

MECHAKARI也是把Stripe的長處加乘。

---

① 衣服時髦受到女性歡迎。
② 自家公司製造販售衣服，能以低成本供應
　衣服。
③ 已經在網路上販售衣服，也有存放衣服的
　倉庫。
④ 在舊衣販售網站販賣二手衣服。

如果只有1個長處，競爭對手會很多。

若是4個長處加乘，就很難被模仿。

因此4個長處加乘的MECHAKARI，能和其他
服裝自由租借服務、網購或二手拍賣App對抗。

快速提出草案，
集思廣益

「不要花時間製作完美的企劃！」然而我這樣
說，有很多人會真的動怒。

這簡直是

上個世紀的
思考方式。

這是把企劃誤解成計畫！

（詳情請重新讀一遍P.30。）

「計畫」就是「確實執行決定事項」，在計畫以前的許多工作，都是做好決定的事就行了，所以得花時間，訂定完美的計畫。

然而「企劃」是「決定該做什麼事」，在還沒決定任何要做的事之前，要從「尋找正確的提問」開始。

而且現代變化劇烈，一不注意就會大幅落後！

期待完美、花費時間本身就是致命傷，所以應該這樣思考：

所謂企劃，
是指粗略的假說。

即使獨自思考做出完美的企劃，仍有許多疏漏，也很花時間。

反而應該迅速地製作「草案」，拿給同事看，取得意見，徹底地千錘百鍊，討論—修正—再討論—再修正，要做到這樣，就要先提出「草案」來集思廣益。

企劃是假說，
必須持續驗證可行性

前面思考了企劃的方法，不過……

光是思考，
是不行的。

深入思考確實是必要的，
然而光是如此，不過是**紙上談兵**。

這時需要的是，

假說和驗證。

然而許多人一提到假說驗證，就會想到PDCA
循環的圖。

順帶一提，所謂 PDCA 是指以計畫（Plan）、
執行（Do）、驗證（Check）、行動（Action）
的步驟，展開企劃的工作作法。

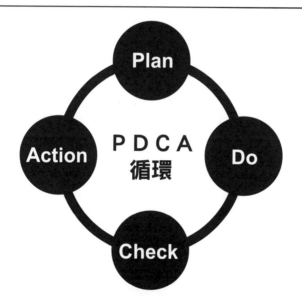

**這張圖
是錯的。**

咦？
是這樣啊？

不少人想要擬定完美的計畫，因而花太多時間，如同前述，企劃所需要的並非計畫，而是「假說」。

因為是草案，所以簡單即可，就算錯了也沒關係。

然而，這樣的人也不少：

看著PDCA循環的圓思考「只要轉1輪就完成了！」只不過假說──驗證1～2次就說：「假說驗證沒有幫助！」

對，
我以前這麼認為……

正確的「假說─驗證」循環應該是螺旋狀。

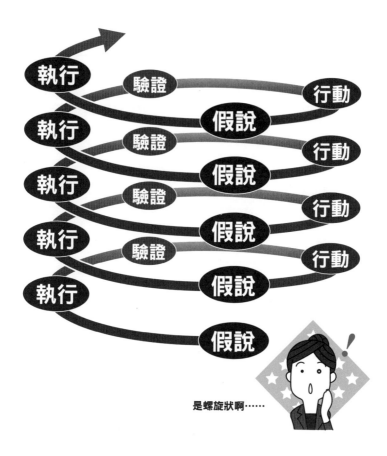

是螺旋狀啊……

　　假說驗證循環1輪後，就會像爬螺旋樓梯一樣
進化學習。多次反覆假說─驗證，就能將假說不
斷進化。

所謂假說驗證，是指透過反覆試錯的過程，確實加深學習、進化的手法。

「從失敗中學習」，
正是進化的好時機！

不過有不少人這麼想：

我不想要失敗……

任何人都討厭失敗！
而避免失敗其實很簡單。

什麼也不做，
就絕對不會失敗。

反正也
領得到薪水⋯⋯

　　但所謂的「企劃」，目的在於「改變某些事」，新嘗試總是有失敗的可能性阿！
　　那該怎麼做呢？
　　其實很簡單。

就是不斷嘗試！

　　多多嘗試，總會有一個正中紅心。

　　這和種下許多幼苗後，若有必要就得疏苗一樣，將長得不好的幼苗拔除整理，留下的是滿園美好。

　　想從一連串的「嘗試—失敗」中學習，必須在以下試錯各階段注意些事情。

【階段一】
嘗試時建立良好心態

全新挑戰必定會伴隨著失敗，所以要做好心理準備：「全新挑戰就是會失敗。」

這和植苗一樣，幼苗不會全部長大，

可是若不植苗，稻子就不會成熟。

【階段二】
避免小失敗演變成大問題

在此我們鼓勵遭遇失敗，但若演變成大問題還是會很令人困擾。

所以要避免投機，免得失敗演變成大問題，要掌握嘗試的實驗規模，控制失敗範圍與強度不要擴大。

【階段三】
必要時承認失敗，並找出原因

　　人都不想承認失敗。

　　然而若不承認失敗，就絕對不會學到教訓！

　　所以別再找戰犯，而是找出失敗的原因。

（以上參考《アダプト思考（暫譯：適應性思維）》提姆・哈福德著，Takeda Random House Japan）

　　假如持續從失敗中老實地學習，

　　企劃就會急速進化，

　　創造出小小的成果。

　　然後只要繼續，

　　成果就會慢慢地愈來愈大。

接下來……

將「假説」
徹底地破壞吧！

不可拘泥於最初的假說！
想出假說後，要徹底驗證：
「真的是正確的嗎？」
「確實無懈可擊嗎？」
不斷提出挑戰並且修正，變成更好的企劃。

簡直像
陶藝家

用「原型」來驗證，
快速提高假說可行性

原型（Prototype），也就是試作品，有助於快速確實地轉動「假說—驗證」循環。

汽車在新車量產前，
也會製造原型，
並驗證性能。

　　企劃的原型也是**假説的試作品**。把思考中的假說化為實體，然後確認能否消除目標客群的痛處。

　　若能驗證假說，原型不管是什麼都行。

我也會在執筆前製作原型。

・**設計封面**
・**試寫整體的結構**

　　我會拿這個原型去詢問編輯和讀者的意見，看能否解決假想目標讀者的痛處。

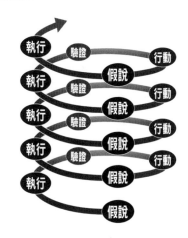

　　想出假說後，製作原型，收集意見後，學習製作全新的原型又再驗證。
　　反覆重新製作原型，一邊持續驗證，一邊讓企劃更具體。

　　其實本書也是多次執著地重新製作原型，最後才誕生的，最初的版本跟成品是完全不同的東西，這是反覆失敗才誕生的書。

讓企劃的
執行成果「可視化」

在企劃順利取得成果後，一定要進行一件事：

就是讓成果可視化。

也就是彙整企劃的全體面貌，以便能隨時自我檢視、或對外說明。

原來如此～
值得參考呢～

> ‧ 這項企劃的目標是什麼？
>
> ‧ 如何解決哪些問題？
>
> ‧ 成果如何？
>
> ‧ 未來要學習的、與現在的課題有哪些？

　　只要在團隊和公司內部共享這幾點，就能汲取更多人的智慧，讓企劃更加進化。

　　並且，對之後的企劃過程也有幫助。

一張圖總結
企劃基本流程

前文將企劃的重點分別闡述，整理後便是：

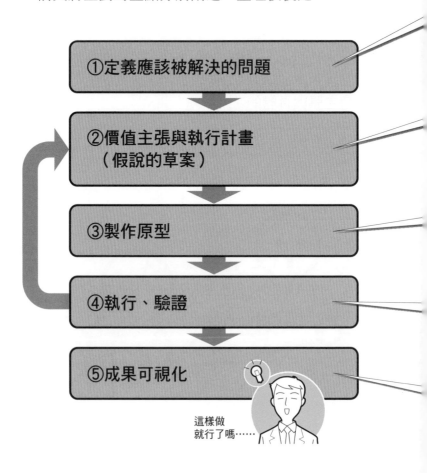

①定義應該被解決的問題

②價值主張與執行計畫
（假說的草案）

③製作原型

④執行、驗證

⑤成果可視化

這樣做
就行了嗎……

這就是企劃的基本流程。

①藉由差距分析，使應該被解決的問題變得明確。

②思考目標對象的痛處和自己的長處，擬定價值主張與具體的執行計畫，製作假說的草案。

③根據假說製作原型。

④實際執行，驗證假說。
（假如得不到成果就回到②。）

⑤取得成果後，讓它可視化。

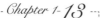
有模組才容易複製，
　七大企劃模組生成

　　模組在企劃時很有幫助。

　　模組（template）就是「製圖器具」或「衣服
的版型」，

　　如果使用製圖器具製圖，

就能畫出漂亮的圖。

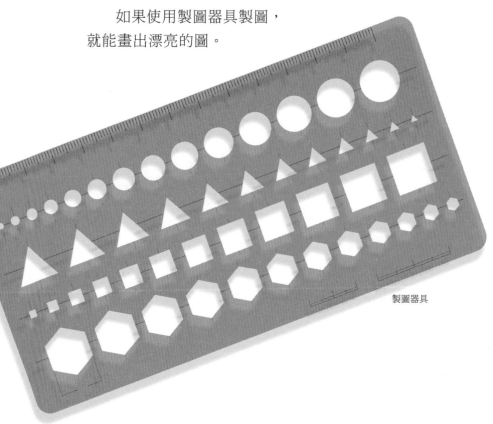

製圖器具

84

如果使用版型製作服裝，
就能做出水準一致的衣服。

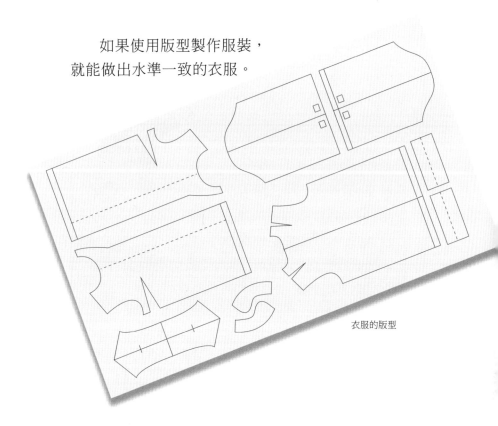

衣服的版型

企劃也有模組。

　　在企劃過程中使用模組，就像用版型快速做出
漂亮衣服般，能迅速做出一定水準的企劃。

　　所以我經常使用模組，依照模組思考、執行企
劃，並從結果中學習。

企劃時使用模組來協助思考，具體的優點也不少：

> ・整理思緒，讓「要做什麼」變得明確，使企劃與執行的效率提升。
> ・企劃的成功機率也會提升。
> ・失敗時，能夠驗證是哪個部分不好，或是應該如何改善。

若不使用模組，可能隨便想的企劃會失敗，或是兜圈子使企劃沒有進展，完全搞不懂失敗的理由。

企劃的成功機率也會一口氣下降。

在我40歲出頭，還是日本IBM的員工時，得知了模組的威力。

我參加了一個公司外部的非營利組織，為了解決某個問題，由幾個人構思企劃，卻一直沒有進展。

我用模組整理大家的想法後，企劃突然開始順暢無比地進行，令大家非常訝異。

「永井先生是這樣工作的嗎？」

我以在IBM學到的方法論搭配行銷理論，使用自己平時思考運用的模組，反倒是我非常驚訝，居然在工作以外也能有所幫助！

「哦！模組原來那麼好用啊！」

可運用的模組有7種，將模組融入企劃基本流程中，就會是下圖：

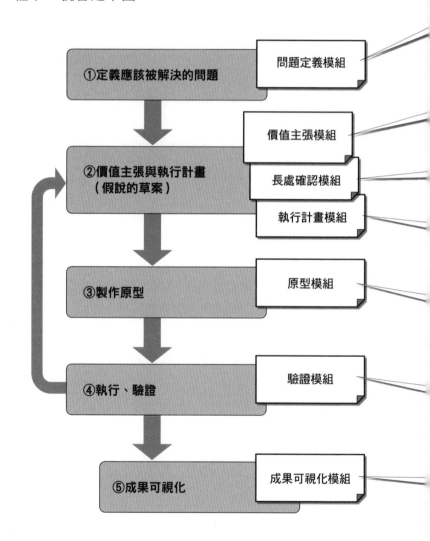

①定義應該被解決的問題

問題定義模組

②價值主張與執行計畫
（假說的草案）

價值主張模組

長處確認模組

執行計畫模組

③製作原型

原型模組

④執行、驗證

驗證模組

⑤成果可視化

成果可視化模組

問題定義模組

分析現況與應有樣貌的差距，抓出應該被解決的問題。

價值主張模組

掌握目標對象的痛處，活用自己的長處思考解決方法。
同時也是假說的草案。

長處確認模組

根據 VRIO 驗證長處，並思考應變方案。

執行計畫模組

讓價值主張具體化。

原型模組

根據假說設計原型。

驗證模組

計畫實行後，整理執行中可學的好處、該改進的缺失，
並調整應變方案。

成果可視化模組

取得成果後，讓成果可視化並且便於共享。

活用七大企劃模組

　　那麼在公司裡，實際上如何使用模組，怎樣進行企劃才好呢？

　　在第2章、第3章，將介紹我身為公司職員時，實際進行企劃的真實事例。

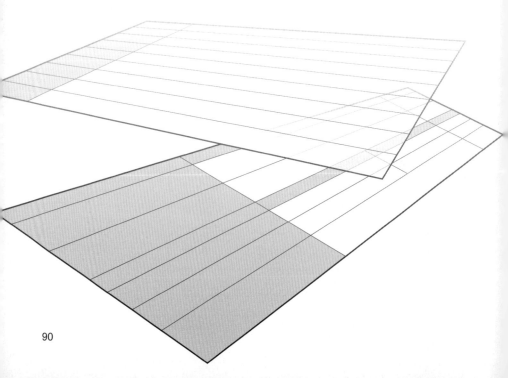

第 **2** 章

活用七大模組
初階版

以銷售提升為例

情境：
業績莫名嚴重下滑

2002年1月，當年40歲擔任日本IBM職員的我，在某個事業部當上行銷策略負責人。

那個事業部就是，
「客戶服務中心解決方案事業部」。

感覺是會咬到舌頭的名稱呢……

當時IBM的工作，是為大企業建構資訊系統。
因為是雲端普及前的時代，所以企業是自己管理電腦。

＊客戶服務中心解決方案：系統商的商品與服務項目，因應各企業客服中心所提供的服務，而建置的支援系統。

客戶服務中心解決方案事業部 的工作內容是哪些？

客戶服務中心的櫃台人員會一邊盯著電腦螢幕上顯示的各種資訊，一邊應對。

在這個螢幕後面其實有複雜的IT系統在運作，這就是客戶服務中心解決方案的系統。

實際上有大量的電腦系統

對IBM這種IT供應商來說，「客戶服務中心解決方案系統」的建構，是一筆大生意。

而事業部的工作就是販售這種系統和支援建構。

顧客滿意！

當時大企業為了提高顧客滿意度，陸續設置了客戶服務中心解決方案，市場以每年幾10％的速度急速成長。

93

任務：
5個月內使業績翻倍！

我在1月開始工作時十分訝異！

咦？不對啊……

預估到年底之前要執行的案子怎麼有一半**突然喊停**？事業部的人非常傷腦筋。

為什麼!?
究竟是為什麼!?

事業部有個營業目標，設定在12月時達成。

假如現況沒有改善，
事業部就會解散！

所有人被開除？
不會吧……

而銷售「客戶服務中心解決方案系統」要花6個月時間。為了達成目標得在6月前使案子倍增，現在只剩下5個月！

我為此開始構思企劃。

「不過為何案子會減少呢？」
……企劃是從解謎開始！

問題定義模組——
抓對問題

一開始該思考「**應該被解決的問題是什麼？**」
來完成**問題定義模組**。

讓我們依順序檢視。

問題定義模組	
現況描述	
目標描述	
差距和原因	
應該解決的問題	

經由差距分析整理當下的狀況便是：

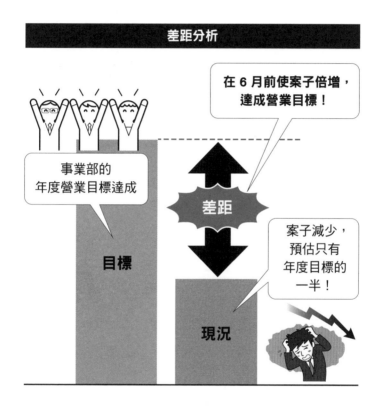

造成差距的原因是什麼呢？

業務員很努力，
業務員並沒有偷懶。

賣不好的理由，是因為IBM

無法解決顧客的痛處。

　　直到去年，企業顧客的痛處是要盡早採用客戶服務中心解決方案系統，因為企業提高客戶滿意度是當務之急，因此IBM研發了客戶服務中心解決方案系統作為商品販售，現在同樣的商品還是在，但企業顧客已經不會購買了。

　　應該解決的問題是：

● **了解企業顧客新的痛處**，
● **徹底地重新評估銷售方式**，
● **實現解決痛處**的行銷策略。

透過問題定義模組整理的過程，定義了該被解決的問題，這就是企劃的出發點。

■問題定義模組

【例】客戶服務中心解決方案事業策略　2002年1月

現況	客戶服務中心解決方案的案 事業部訂下的年度目標，預
目標	達成事業部的年度目標。
差距和原因	現在1月，平均銷售期要6個 達成年度目標。 雖然之前透過商品訴求賣得
應該解決的問題	徹底重新評估銷售方式。查 由，並採取對策，使新案子

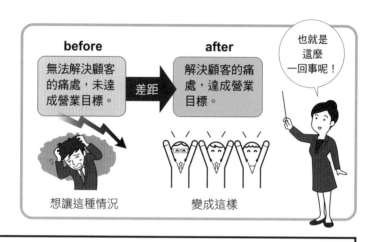

before　　　　　after　　　也就是這麼一回事呢！

無法解決顧客的痛處，未達成營業目標。　→差距→　解決顧客的痛處，達成營業目標。

想讓這種情況　　　　變成這樣

子由於延期／中止而減半。

估營業額只有一半。

月，必須在當年6月前使新案子倍增，才能在12月

不錯，但現在同樣的商品訴求已經不好賣了。

明顧客不再買「客戶服務中心解決方案系統」的理

倍增，達成營業目標。

價值主張模組—
讓自己成為最好的選項

接下來尋找顧客買單的理由。
用**價值主張模組**完成吧！

價值主張模組	
簡述 價值主張 的設定	
目標對象描述	
觀察目標對象 後的紀錄	
目標對象 的痛處	
解決痛處 的方法	

企劃的重點在於創造強大的價值主張。為此必
須：

①了解目標客群的痛處。

②活用自己的長處。

這將使你成為目標客群
最好的選項！

早點製作出80分的草案，和周圍的人討論，進
行調整。

首先看清目標客群是誰，
並找出他們的痛處。

定義目標客群
並深知其痛處

　　客戶服務中心解決方案事業部的對象（顧客）
是誰？

　　就是在大企業決定採用
客戶服務中心系統的人，換
言之，就是**大企業的客戶服
務中心經理**。

　　必須理解他們的痛處，
為此得進行觀察。

　　（不過要如何觀察呢？）

　　刑警會在案發現場找尋案件的提示。
　　同樣地，我們必須觀察現場，
　　詢問周遭的人能得知意料之外的事情。

　　而邀請企業的客戶服務中心經理來參觀的時候，很意外的是，參觀的經理們居然異口同聲地說：

* 幕張是位於日本東京近郊的地區名稱。

之後我持續聆聽參觀的客服經理們實際的意見，漸漸地明白一件事。

許多大企業客戶服務中心的主管，對於一件事情非常煩惱：當消費者打電話到自家公司的服務中心時，櫃台人員常會說：

「這裡不是聯絡窗口，請您重新撥打電話。」

客戶服務中心經理

為何會發生這種事？

雖然大企業設了許多客戶服務管道，卻七零八落完全沒有整合。

結果，消費者被踢皮球。

為了提高顧客滿意度，明明設置了服務中心，反而使滿意度下降了！

大企業的客戶服務中心經理正是陷入這種狀況！

長處確認模組—
VRIO 是好工具

接下來是，成為唯一的選項，
為此必須看清長處。
讓**長處確認模組**完成。

長處確認模組		
自己的長處		

	驗證	評價與對應
就對方而言的 價值　Value		
稀少性 Rarity		
模仿困難度 Inimitability		
組織的機制 Organization		

　　提示就在大企業的客戶服務中心經理在參觀
IBM幕張中心後，說出的這句話中：

　　這句話中凝聚了

IBM才有的長處。

距離此時8年前的1994年，
IBM面臨了經營危機。

其實被逼到
差點倒閉

這時IBM斷然實行經營改革。
其中一項是……

變成對顧客而言的
One IBM

之前的IBM，各部門和客戶服務中心各自接觸顧客，並無整合。

◆顧客也很傷腦筋

就算你們
零零散散地上門～

◆而且很沒效率

這是我的
案子～！

不是自己人
起爭執的
時候吧！

必須「**在顧客眼中，變成團結一致的IBM**」。

這時IBM的目標是整合內部後與顧客接觸，進行經營改革。

幕張服務中心正是成果的展現。

早在服務日本顧客的8年前，IBM為了解決巨大的痛處，設立了幕張服務中心。

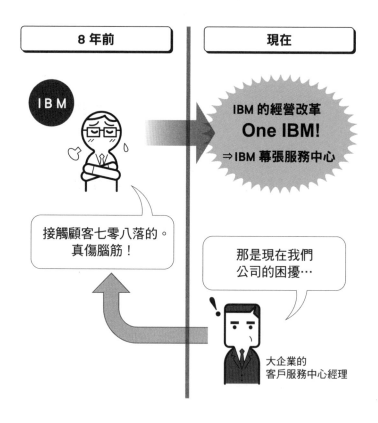

對大企業的客戶服務中心經理來說，IBM幕張服務中心正是理想的解決方案。

藉由VRIO整理這個狀況，就能得知IBM的長
處和應變方案。

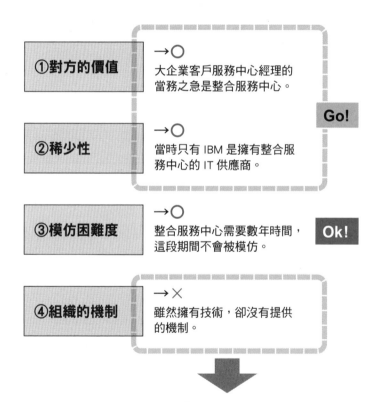

應變方案：備齊供應體制！

如果利用**長處確認模組**整理，就能得知真正的長處，而且也能了解加強長處的方針。

■長處確認模組

【例】客戶服務中心事業策略

自己的長處	搶先日本的大企業，擁有整

	驗證
就對方而言的價值 Value	大企業客服中心經理的當務
稀少性 Rarity	自家公司建構、運用整合客 IBM（2002年）。
模仿困難度 Inimitability	建構整合客服中心需要數年 這段期間無法模仿。
組織的機制 Organization	雖然IBM擁有客服中心整合 的機制並不完整。

就對方而言的**價值**和**稀少性**是○這點很重要。重點是比競爭對手更有價值和稀少性。

　　並且，如果**模仿困難度**和**組織的機制**NG，只要加強長處即可。

合自家公司客戶服務中心的經驗。

	評價與應變
之急是整合客服中心。	○
服中心的IT供應商只有	○
時間，因此其他公司在	○
技術，但是提供給顧客	✕ →備齊 供應體制

假如看清長處，還能完成**價值主張模組**。

這正是**企劃的關鍵**。

■ 價值主張模組

【例】客戶服務中心事業策略

簡述價值主張的設定	向想要整合客服中心

目標對象描述	大企業的客戶服務中心經理。
觀察目標對象後的紀錄	許多企業的客戶服務中心經理司也想要同樣的服務中心」。
目標對象的痛處	為了消除消費者被踢皮球的問
自己的長處	搶先日本的大企業，擁有整合
解決痛處的方法	將IBM的服務中心整合經驗可

的企業客戶服務中心經理，提供IBM的整合經驗。

拜訪參觀IBM的幕張服務中心，許多人表示「本公

題，想要整合服務中心。

自家公司客戶服務中心的經驗。

視化，並加以提供。

快速提出草案，
　　向各界收集資料

這樣定義價值主張⋯⋯

就等於提出了假說的草案。

這僅止於我個人的想法。
說起來，還只是企劃的題材。
必須千錘百鍊讓它進化。

開始聆聽周遭人們的意見
後，便收集到各種意見。

想要立刻向我們的顧客提案。
如果內容再具體一點就能提案了……

我們的諮詢事業部案子減少了，真傷腦筋。
服務中心整合諮詢嗎？來試試吧！

對了，美國IBM的諮詢部門擁有
服務中心的整合技術呢。

剛好有和大學教授一起製作客戶服務
中心的診斷程式，或許派得上用場。

對了，來舉行客戶服務中心經理會議吧！招集各公司
的服務中心經理，向他們介紹IBM的實例吧！

自主營運幕張的觀摩會呢……
如果有預算就好了，也可以接到案子。

獨自思考想不到這麼多的好點子。要藉由草案
集思廣益。

執行計畫模組——
擬定具體措施

　　價值主張終究只是個概念，必須落實於執行計畫中。

　　為了達成這點，得和相關人員討論，完成**執行計畫模組**。

執行計畫模組

措施	內容	期限

把草案拿給相關人員過目，因而獲得了各種智慧。

此外許多相關人員很感興趣，

開口說：「**一起動手做吧！**」

於是執行計畫慢慢地成形。

1個人做不出企劃，也無法推動。

有了許多人共同的智慧，就能產生不錯的企劃，組織也會開始行動。

根據收集到的意見，就能列出4項執行計畫：

①服務中心整合諮詢服務體系化

　　IBM的服務中心整合技術建立體系，能透過諮詢服務提供給顧客。

②實施客戶服務中心經理會議

　　招集大企業客戶服務中心經理進行「客戶服務中心經理會議」，介紹IBM客戶服務中心的整合實例（此時對顧客而言商品並不重要，因此完全不介紹產品與服務）。

③幕張服務中心觀摩會促銷活動節目化

　　將幕張服務中心觀摩會正式定位成「促銷活動節目」，有助於發掘案子。需為此編列預算。

④建立IBM銷售業務員的社群

　　透過IBM的銷售業務員群組，讓持有客戶服務中心案子的業務員組織起來，對行銷措施達成共識，促進獲得案子。

　　並且分別決定內容和期限。

藉由執行計畫模組整理後就如下表。這就是企劃具體的措施。

■執行計畫模組

【例】客戶服務中心事業策略

價值主張是…	向想要整合服務中心的大企驗。

措施	內容
服務中心整合諮詢服務體系化	能從諮詢事業部提供IBM
舉行客戶服務中心經理會議	招集大企業客戶服務中戶服務中心的整合實例紹。
幕張服務中心觀摩會促銷活動節目化	正式定位成促銷活動節算。
建立IBM銷售業務員的社群	讓持有客戶服務中心案行銷措施達成共識，促

大家一起來吧！

感覺漸入佳境……

業客戶服務中心經理，提供IBM的服務中心整合經

	期限
的服務中心整合技術。	5月前
心經理舉行半日研討會。以IBM客為研討會主軸。完全不做產品介	第一回是3月底。（之後隔月舉行）
目，有助於發掘案子。需編列預	3月前
子的IBM銷售業務員組織起來，對進獲得案子。	4月前

原型模組——
執行細節與驗證方法

雖然完成了價值主張和執行計畫，不過這些
⋯⋯

不過是假說而已。

說起來，
還是紙上談兵。

驗證這個假說是否真的正確，企劃的
成功機率便會提高。
為此必須**驗證原型**。

可以說是實驗。

　　這時得活用**原型模組**，思考、驗證要製作哪種原型。

原型模組	
想驗證的假說	
原型	
原型的製作方法	
原型的驗證方法	

Value Proposition

Execution plan

話說這個假說是：

大企業客戶服務中心經理的痛處，是服務中心未整合。
藉由 IBM 的服務中心整合技術能解決痛處。

這時原型是，決定提前試行執行計畫之一：「舉辦客戶服務中心經理研討會」。

試試看吧！

具體規劃第1回客戶服務中心經理研討會作為
原型。

> · 招集大企業客戶服務中心經理
> · 進行半日研討會
> · 內容是介紹 IBM 的服務中心整合實例
> · 沒有產品介紹（因為商品不會賣得好）

原型是這樣製作的：

①製作大企業客戶服務中心經理名冊

從IBM擁有的顧客資料庫挑出客戶服務中心經理。每1件都親眼確認，做出800名的名冊。

②規劃半日研討會

請IBM幕張服務中心經理介紹服務中心，構成節目。

③設計研討會DM

以「IBM服務中心整合實例介紹」為主題，設計研討會DM，以招攬顧客。

④時間表盡量提前，在3月中舉辦

也要決定原型的驗證方法。

> ・ 設定報名人數、參加人數和參加者滿意度
>   的目標值
> ・ 觀察當日參加者的真實反應
> ・ 進行問卷調查，透過感想驗證假説

藉由原型模組整理後便如下表。

■原型模組

【例】客戶服務中心事業策略

想驗證的假說	大企業客戶服務中心經理的痛 藉由IBM的服務中心整合技術
原型	舉行客戶服務中心經理會議 半日研討會。主要介紹IBM的 （與一般研討會不同，完全不
原型的製作方法	·製作客戶服務中心經理名冊 ·製作研討會節目（由IBM幕 ·利用DM「IBM服務中心整 ·在3月中舉辦。
原型的驗證方法	·目標值：報名人數33名、 ·一邊觀察當日參加者的真實

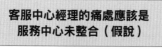

處是服務中心未整合。
能解決痛處。

服務中心整合實例。
介紹產品／服務）

（800名）。
張服務中心經理做簡報）。
合實例介紹」吸引、招攬客人。

參加人數20名（參加率6成）、滿意度90分。
反應，一邊透過問卷調查意見驗證假說。

驗證模組——
驗證原型的執行結果

製作原型驗證後，就藉由**驗證模組**思考對策。

驗證模組

想驗證的假說	

執行結果

項目	目標	結果

結果順利者

項目	分析與學習	應變方案

結果不順利者

項目	分析與學習	應變方案

利用原型「客戶服務中心經理會議」**想驗證的假說**是這個：

> 大企業客戶服務中心經理的痛處是服務中心未整合。
> 利用 IBM 的服務中心整合技術能解決痛處。

實際上3月中旬試行客戶服務中心經理會議後，實在學到不少。

當初的目標很遠大。

- **報名人數33名（通知人數800名的4％）**
- **參加人數20名**
- **參加率60％**
- **滿意度90分**

結果——

- **報名人數40名（目標＋21％）**
- **參加人數42名（目標＋120％）**
- **參加率105％＊（目標＋45％）**
- **滿意度95分（目標＋5分）**
  ＊當日參加2名。

　　報名率、參加率，都是在一般活動難以想像的大數字。

大家非常關心這個議題。

透過觀察參加者與問卷調查驗證的結果，得以**確認執行客服中心整合的意願也非常高。**

換言之，能夠驗證

假説是正確的。

還有意想不到的事情。

從參加的客戶服務中心經理，有許多人要求：

「希望由IBM建立並管理客戶服務中心經理的社群」。

客戶服務中心經理在公司內部一手承擔顧客的投訴，應對時沒有可以商量的對象。當時，客戶服務中心經理沒有橫向連結的社群。沒想到客戶服務中心經理感覺很孤獨。

其實是孤單一人

因此決定隔月繼續舉辦客戶服務中心經理會議。

因為也有不少檢討之處，所以必須應對。

其實結束後，許多業務員生氣地說：

「我都不知道這件事！這樣沒辦法介紹給客人啊！」

於是從第2回開始廣為通知業務員。之後，這個機制成長為「IBM銷售業務員的社群」，而客戶服務中心經理會議的參加者每次都達到100名。

也有人抱怨：「沒辦法和客戶服務中心經理交流。」因此從第2回開始擴大休息時間，並引薦給IBM公司內部的業務員，得以爭取到案子。

藉由驗證模組整理後便如下表。

然後繼續學習，持續改善。

■驗證模組

【例】客戶服務中心事業策略

想驗證的假說	大企業客戶服務中心經理的痛處是客利用IBM的服務中心整合技術能解決

執行結果：第1回客戶服務中心經理會議

項目	目標
招攬客人	報名人數33名、參加人數20名、參加率60%
滿意度	顧客滿意度90分以上
對課題的掌握	——

結果順利者

項目	分析與學習
對課題的掌握	非常關心服務中心整合實例
招攬客人	非常關心本活動

結果不順利者

項目	分析與學習
招攬客人	許多業務員表示：「希望能告訴我。」
交流	許多業務員表示：「無法和客服中心經理交流」。

服中心未整合。
痛處。

結果
報名人數40名（目標＋21％）、參加人數42名（目標＋120％）、參加率105％（目標＋45％）
顧客滿意度95分（目標＋5分）
最優先課題是「客服中心整合」

應變方案
依照當初的價值主張推動策略
繼續舉辦本活動

應變方案
即時告知公司內部的業務員、組成社群
擴大休息時間，引薦給業務員

成果可視化模組——
讓全貌現形便於複製

接下來，原本減半的案子慢慢地重啟了。年底順利達成營業目標。

於是聽到成果的海外IBM的同事，和公司內部的其他部門也來拜託：

希望詳細指導我們。

因此要讓企劃的全貌可視化。

想讓企劃可視化，只要完成**成果可視化模組**即可。

成果可視化模組

項目	內容	
現況		
差距與原因分析		
應該解決的問題		
對象是誰？		
對方的痛處		
自己的長處		
價值主張		
	措施	結果
措施與結果		
商業成果		
學習與下一步行動	■結果順利者 ■需改善之處	

「嗚哇，好仔細！」

也許各位這麼覺得，不過請放心。

成果可視化模組

項目	內容		
現況			
差距與原因分析		謄寫	
應該解決的問題			
對象是誰？			
對方的痛處		謄寫	
自己的長處			
價值主張			
	措施	結果	
措施與結果		謄寫	
商業成果			
學習與下一步行動	■結果順利者 ■須改善之處		

大部分的項目只須謄寫之前在其他模組寫下的內容。

問題定義
模組

價值主張
模組

長處確認
模組

執行計畫
模組

只有這裡要重新思考。

成果可視化模組

項目	內容	
現況		
差距與原因分析		
應該解決的問題		
對象是誰？		
對方的痛處		
自己的長處		
價值主張		
措施與結果	措施	結果
商業成果		
學習與下一步行動	■結果順利者 ■須改善之處	

簡而言之——

> ## 各項措施的結果為何？
> ## 整體的成果為何？
> ## 學習與下一步行動為何？

這樣一來企劃整體就能可視化。

首先是**措施的結果**。

服務中心整合諮詢服務體系化

……諮詢事業部在5月開始
提供諮詢。

實施客戶服務中心經理會議

……年內實施5次。合計人次共有397名的大
企業客戶服務中心經理參加。
平均滿意度92分。

幕張服務中心觀摩會促銷活動節目化

……從3月起實現促銷活動節目化，並由業
務員接待來觀摩的公司，
便能獲得案子。

建立IBM銷售業務員的社群

……和200名IBM的銷售業務員共享資訊，便能促進獲得案子。

重要的**整體的成果**為：

- 藉由在 6 月前擴大新案子，順利達成營業目標。
- 此外透過 IT 類調查公司高德納的客戶服務中心供應商調查，有 48％的企業認定「IBM 是第 1 名」。

結果順利者為：

①藉由「服務中心整合」這項IBM的長處，向客戶服務中心經理提供解決痛處的方案，有助於生意。

②能和大企業的客戶服務中心經理直接交流，可即時掌握課題，採取正確的措施。

還有**需改善之處**：

在客戶服務中心經理會議上，每回都做課題調查。

雖然「服務中心整合」經常是最優先課題，不過比率慢慢地下降。

另一方面也產生了全新的課題。

・服務中心營運成本的削減
・服務中心的收益化（服務中心賺取營業額）

今後，必須提供解決這些課題的方案。

藉由**成果可視化模組**整理後便如下表。

■成果可視化模組

【例】客戶服務中心事業策略

項目	內容
現況	客戶服務中心原定的案子因為延期／中止
差距與原因分析	想達成營業目標，必須在6月前讓新案子倍
應該解決的問題	徹底重新評估銷售方式。查明顧客不再買 業目標。
對象是誰？	大企業的客戶服務中心經理
對方的痛處	為了消除消費者被踢皮球的問題，想要整
自己的長處	搶先日本的大企業，擁有整合自家公司客
價值主張	向想要整合服務中心的客戶服務中心經
措施與結果	**措施** 服務中心整合諮詢服務體系化 實施客戶服務中心經理會議 幕張服務中心觀摩會促銷活動節目化 建立IBM銷售業務員的社群
商業成果	藉由第1季／第2季的新案子擴大，達成 透過高德納的客戶服務中心供應商認知度
學習與下一步行動	■**結果順利者** ・藉由「服務中心整合」這項IBM的長 ・確定能和客戶服務中心經理直接交流。 ■**需改善之處** ・必須提供全新課題（服務中心的收益化、

為什麼這樣做？
是怎麼做的？

原來如此。
首尾一貫，
我明白了。

而減半。

增。雖然之前透過商品訴求賣得不錯，不過反應變差變得賣不出去。

「客戶服務中心系統」的理由，並採取對策，使新案子倍增，達成營

合服務中心。

戶服務中心的經驗。

理，提供IBM的服務中心整合經驗。

	結果
	諮詢事業部從5月開始提供諮詢。
	年內實施5次。合計人次共有397名參加。平均滿意度92分。
	從3月起實施。由業務員接待來觀摩的公司，並能獲得案子。
	和200名IBM的銷售業務員共享資訊。

2002年度營業目標。
調查，得知IBM穩拿第1名（48％）。

處，向客戶服務中心經理提供解決痛處的方案，有助於生意。

成本削減）的解決方案。

七大企劃模組
也能應用在管理層面

　　前面介紹了以顧客為對象的企劃，這是讓事業
企劃或商品企劃成功的典型模式。

　　而這個方法論，也
能用於對象並非顧客的
管理層面。

　　因此在第3章，將以職員的人才培育業務為
例，來介紹事例。

第 **3** 章

活用七大模組
進階版

以人才培育為例

情境：
透過人才培育提升業績

10年後的2012年2月中旬——

我在IBM軟體事業本部負責事業策略。然後經過5年……

這一年我50歲。

差不多該
自立門戶了～

正當這麼想的時候，我被事業本部長叫去，他突然這樣開口說：

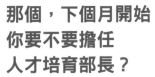

那個，下個月開始
你要不要擔任
人才培育部長？

簡直是晴天霹靂！

那個……為什麼選我？

　　於是來自印度，日語流暢的本部長，充滿熱情
開始說道：

之前公司的業務策略和行銷策略，你出力不少，可是，只有1點你沒有做到。

就是策略性的人才培育。

我們公司有約1,000名職員，
粗略計算後，
如果技能增加2成，
營業額也會提升2成。

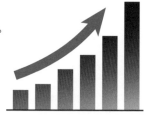

技能增加2成使得營業額增加2成。
會那麼順利嗎？

希望你培育出「能實現事業策略」的人才，到任日期是2週後的3月1日。
所以請你在明天答覆，拜託了！

大略聽完後，我想了很多。

人才培育，
我連想都沒想過。
不過……感覺很有趣。

隔天我決定接下這個工作。

任務：
1 週內通過
人才培育企劃案

我在3月1日到任，新的下屬來到我的座位說：

> 4 月到 6 月的預算還沒批准，
> 無法從 4 月展開活動啊！

人才培育團隊有10名成員，
而培訓需要花費相應的金錢，
但4月以後沒有預算……

相當不妙啊！

順帶一提，在日本IBM屬於外資企業，每一季（3個月）都需要申請預算，沒獲得批准就無法運用金錢。

「我不懂，請妳告訴我，
是誰要向誰取得批准？」
「是永井先生要向本部長取得批准。」
「是我的工作嗎？什麼時候截止？」
「1星期後。」
「那事情很簡單啊。」

我立刻找本部長商量。

本部長笑嘻嘻地這樣回答：

**讓我看看人才培育策略啊！
如果沒有，
我就無法批准。**

他笑咪咪地
提出嚴苛的要求……

161

我和下屬再一次商量。

「⋯⋯本部長這麼說，你們有策略嗎？」
「策略那種東西⋯⋯**沒有**耶⋯⋯」
「誰要製作呢？」
「負責人是誰？」
「⋯⋯這個嘛，是我吧⋯⋯」

如果不制定出嶄新的人才培育策略、並在1週內獲得批准，4月以後部門就會嚴重混亂！

才剛就任就留下……

人才培育部長失職的烙印

在這種情況下，我連忙思考人才培育策略。

第2章的實例（10年前），制定策略驗證花了2個月時間。

而這次，期限是1個星期。

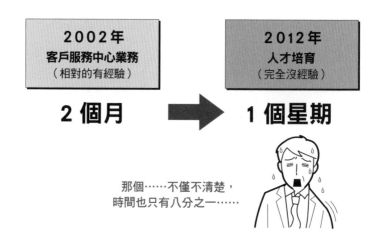

那個……不僅不清楚，時間也只有八分之一……

不過企劃的作業基本上相同。

時間不夠，沒辦法做到驗證這一步。
所以，只能全部藉由假說來進行！

因此在1星期內，制立假說之後，大致向相關
人員取得確認，我斷言：

**這項策略
還只是假說！**

我下定決心要獲得批准。

透過差距分析
進行問題定義

一開始要定義問題，
所以我使用問題定義模組來思考。

雖然**現況**是業務員很努力推銷，但賣得不好。

應有的樣貌是，正常地工作，就自然賣得好。

然而雖然採取了行銷措施和業務措施，但現實
情形是成果不足。

藉由差距分析整理這種狀況後便是：

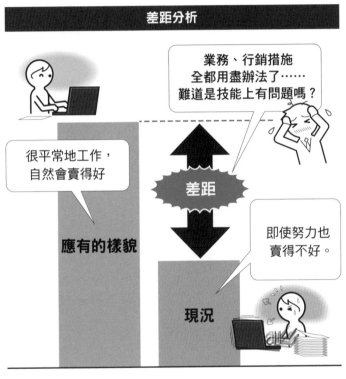

差距的原因
是什麼？

問題定義模組──
缺乏新商品銷售技能

　　在軟體事業本部，事業本部長底下有十幾位事業部長。

　　我從一部分的事業部長口中經常聽到這樣的意見：

> 我們公司的業務員
> 似乎缺乏技能呢～

　　然而IBM員工在IT業界是高技能集團。

> 這種說法
> 感覺有點奇怪。

　　……我從以前就這麼覺得。

因此我制立了這樣的假說，作為差距的原因。

是因為沒有培育
販售新商品的
基本技能嗎？

這是有根據的。

目前為止IBM軟體事業，是以資料庫或網路管理等支撐IT核心基礎架構的商品為主。

簡而言之是IT技術的集團。

所以以往業務員主打高功能與高性能的訴求，就可以成功地銷售。

這功能很厲害！
真的表現出色喔！

然而這幾年，IBM在全球收購了幾十家軟體公司，商品的種類完全改變，與銷售端有高度相關的「業務型」新商品超過半數。

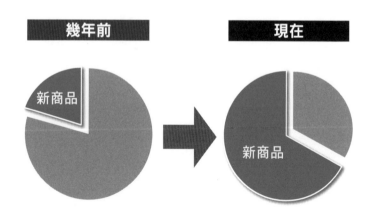

幾年前	現在
新商品	新商品

「業務型」新商品的功能例如：

· **讓業務之間密切合作**
· **詳細管理維修零件的庫存**
· **有效率地實施促銷活動**

業務合作　　　　庫存管理　　　　活動

這些商品**無法藉由功能說明賣出去**。

充分理解顧客的需求，並且**說明如何解決客戶遭遇的問題**，才能賣出商品。

因此假設，藉由功能與性能說明加以銷售的業務員，缺乏了「解決客戶問題的提案技能」。

咦？解決客戶問題的提案能力？
唔嗯～
……那是什麼呢？

所以，應該培養的技能是──

能夠掌握、理解
顧客遭遇的問題，
進而提案的技能。

假如沒有技能，好好地培養就行了。

因此我制立了假設：

這就是我的工作！

我花了整整1天
想到這點。

藉由**問題定義模組**整理後如下表。

■問題定義模組

【例】軟體事業、人才培育業務

現況	雖然業務員努力推銷，卻賣
應有的樣貌	業務員如往常地工作，自然
差距和原因	沒有培養業務員銷售新商品 IBM軟體事業在這幾年透過 設型」商品，功能說明和性 務型」商品，銷售時應該加 題。而現在我們的業務員沒
應該解決的問題	掌握、理解顧客的課題，並

得不好。

會賣得好。

的基本技能。
併購增加了很多新商品，以前是「基礎建
能訴求的銷售手法很有效，而現在是「業
強在：解決顧客在銷售流程中遭遇的課
有解決顧客問題的技能！（**假說**）

培養能夠提出解決方案的技能。（**假說**）

1
天內提出假說

人才培育的目標對象
竟不是業務員？

接下來是價值主張。

這也是**假說**。

行銷企劃時有目標客群。那麼人才培育是**以誰為目標對象呢？**

一般是這樣思考……

人才培育的對象，就是業務員吧？

我認為「這是錯誤的」。

因為我自己是這麼認為：

培訓？

很無聊耶～
而且我很忙……
乾脆缺席吧！

在人才培育企劃中業務員並非目標對象。

以前擔任業務員的我（其實只是個讓人困擾的人）

在人才培育企劃中應該思考的目標對象是——

抱持著巨大痛處的人。

目標對象是
這種人。

真的很傷腦筋。
幫幫我！

所以目標對象應該是軟體事業本部的

十幾名事業部長。

他們正是抱持著：

我們的業務員
都缺乏銷售技能呢。

……這樣巨大的痛處。

價值主張與長處確認—
策略性提升銷售技能

　　如何活用自己的長處，才能對目標對象痛處做出反應呢？

　　不是我自誇，我……

完全沒有人才培育的經驗。

> ？
>
> 人才培育？
> 那種東西
> 好吃嗎？
> （到任前的我）

　　可是，

我十分了解企業策略，
而且擁有分析問題的技能。

交給我吧！

既然如此，

身為人才培育部長，
只要根據企業策略，
分析每個事業部的課題，
制定人才培育策略，
並且提供培訓即可。

⋯⋯我是這麼想的。

雖然我沒有
人才培育的經驗，
不過這樣或許能
活用長處⋯⋯

接下來檢查我自己能否活用長處。

【長處】身為人才培育部長，根據企業策略，分析事業部的課題，並且制定、提出人才培育策略。

對於目標對象的價值　○⋯⋯這些事業部長為了達成營業目標，提升員工的技能是最重要的課題。

稀少性與模仿困難度　○⋯⋯沒有任何一位人才培育部長在理解企業策略之後，分析事業部的課題，進而提出人才培育措施。而且他們擁有負責各個事業部的人才培育團隊、權限和預算。

組織的機制　X⋯⋯因為是全新的措施，所以缺乏機制。需要本部長的批准／編列預算。
→1週後提案，只要獲得批准便能施行。

我也嘗試從事業部長的角度思考其他選項。

・**由自己教導**→太忙了，沒辦法。

・**委託公司外部的人**→沒有預算／技術。

・**自習**→如果這樣就能解決問題，就不用煩惱了。

每一項都不順利。
只能拜託別人了……

（當然絕對
不可能面對面
說出這種話。）

事業部長

這樣思考後……

對事業部長來說，
我們的提案是最棒的。

企劃中目標對象的觀點非常重要。

藉由**長處確認模組**整理後就如下表。

■長處確認模組

【例】軟體事業、人才培育業務

自己的長處	身為人才培育部長，能夠根 且制定、提出人才培育策

	驗證
對於目標對象的價值 Value	這些事業部長為了達成營業 的課題。
稀少性 Rarity	熟悉IBM軟體事業策略，能 分析每個事業部的技能課
模仿困難度 Inimitability	在事業部沒有其他團隊擁有 司內部全新設立也很困難。
組織的機制 Organization	因為是全新的措施，所以缺 且為新措施編列預算。

只有我們
辦得到！

> 　　即使目標對象在公司內部，具有**價值**和**稀少性**這一點依舊非常重要，比起其他選項，對目標對象來說具有價值和稀少性才是重點。
> 　　並且假使**模仿困難度**低和**組織的機制**不完善，只要創造長處即可。

據企業策略，分析事業部的課題，並
略。

	評價與應對
目標，提升員工的技能是目前最重要	○
直接和負責各事業部的工作人員一同題，進而加強技能。	○
培育人才的人員、權限和預算。在公	○
乏機制，需要事業本部長的批准，並	✕ →批准預算

假如看清長處，還能完成**價值主張模組**。

■價值主張模組

【例】軟體事業、人才培育業務

簡述價值主張的設定	為員工技能煩惱的這訓，實現事業成長。

目標對象描述	軟體事業本部的十幾名事業部
觀察目標對象後的紀錄	「我們公司的業務員缺乏銷售
目標對象的痛處	員工技能不足無法獲得案子，
自己的長處	身為人才培育部長，能夠根據才培育策略。
解決痛處的方法	根據技能差距分析，為了販售策略。

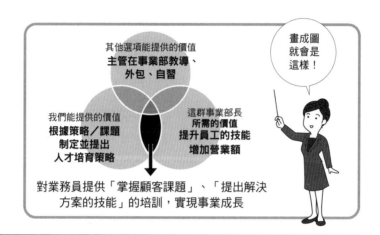

群事業部長，提供掌握課題、強化提案力技能的培

長。

技能呢」的意見。

不能達成營業目標。

事業策略，分析事業部的課題，並且制定、提出人

事業部的全新商品，必須制定、實施所需技能培養

製作草案，尋求進化

目前為止花了幾天時間快速製作，

但是這只不過是草案。

　毫無人才培育的經驗，有太多不了解的細節，
必須請專家琢磨，讓草案進化。

　專家近在眼前，
首先是人才培育部的團隊成員，
接著，是十幾名事業部長。

因此請他們看草案，
於是收集到各種意見。

我們有1,000多種產品，
因此得持續產品技能培訓！

日本IBM人事部門也有培訓計畫，
這是一種合作共享。

我負責的事業部人才培育工作，
希望能爭取到這筆預算。

沒有人這樣思考過人才培育策略，
我們一起試試吧！我會支持你的。

了解自家產品之餘，也得了解顧客的業界，其他事業
本部正在進行金融、製造、流通業界知識的培訓。

是啊，我們公司的業務員都不聽顧客說話呢～

這些接連反映在草案上，
於是人才培育企劃漸漸成形。

執行計畫模組—
擬定聆聽力培訓計畫

具體的執行計畫也是必要的，

一邊加入草案的意見，

同時一邊擬定執行計畫，

在此只介紹主要項目。

（實際的執行計畫有將近10項。）

聆聽力培訓

　　許多業務員只顧單方面的說明產品功能和性能有多高。

　　應該強化他們「聽顧客說話的動機」，如果學會這種技能，就能提升掌握課題的能力。因此要展開「聆聽力培訓」。

→第二季在第1事業部試行驗證

　從第三季正式展開

針對顧客業界知識的各別培訓

　　現在想要販售軟體產品，也必須學習顧客的業界知識。因此需要敦促員工參加在公司內部舉辦的金融、製造、流通等業界知識培訓。

→ **第二季為試行**
　　從第三季正式展開

產品技術培訓

　　繼續實施到目前為止所進行的技術技能強化培訓。

以上整理成**執行計畫模組**便如下圖表，實際上也各自需要預算。

■執行計畫模組

【例】軟體事業、人才培育業務

簡而言之價值主張是什麼？	向煩惱員工缺乏技能的培訓，實現事業成

措施	內容
聆聽力培訓	為了提升掌握顧客課題的
針對顧客業界的知識做各別培訓	為了學習顧客業界的知部進行的金融、製造、流
產品技術培訓	繼續實施技術技能強化培

（只介紹主要項目。實際上有將近10項措施。）

大家一起
動手做吧！

雖然時間不長，
但團隊也慢慢地
愈來愈團結⋯⋯

的諸位事業部長，提供掌握課題、強化提案力技能
長。

	日期
能力，展開「聆聽力培訓」。	2Q⋯試行 3Q⋯展開
識，敦促員工參加在其他事業本 通等業界知識培訓。	2Q⋯試行 3Q⋯展開
訓。	2Q⋯展開

在我到任1週後，預算批准期限到了！

我根據各個模組，向事業本部長大略說明，最後我這麼說：

這1星期內，我對所有人提了這個假設。3個月後，在下期預算申請時，我會說明驗證結果。所以⋯⋯

再請您批准了。

事業本部長這麼說：

> 1週內就做出來了？
> 還不錯嘛！
> 3個月後我會
> 好好地檢查喔。

他笑嘻嘻地，
一樣很嚴格……

儘管是預算吃緊的時期，
仍順利全數批准了！

因為以假說為前提取得批准，才能及早
進行企劃。

原型模組—
試辦計畫的方法

雖然預算獲得批准，3個月後卻要接受嚴格的
檢查，

　　因此我的新措施是，**用原型驗證**。

試試看吧！

新措施之一**「聆聽力培訓」**
如下進行。

參
聽力
培
訓

再次實驗

194

以前的軟體產品多半是支撐IT基礎架構的商品。只要說明功能和性能有多強大，就賣得出去。

如今，IBM增加許多與企業內業務執行上的商品，甚至超過半數，這類「業務型」商品光憑單方面的說明賣不出去，必須理解顧客在執行業務時遭遇的課題。

為此，得先聽顧客說話，理解課題，而不是說明。若能理解課題，IBM優秀的業務員便會具備銷售力。

因此，我這樣思考假說：

如果強化業務員聽顧客說話的動機，培養聆聽的技能，業務員的行動就會改變。

因此我這樣製作「聆聽力培訓」的原型：

挑選這個領域的專家，聘為公司外部培訓講師，開發1日培訓課程。（以上課和角色扮演為主）

將這份人才培育策略的草案，讓十幾名事業部長過目時，提出方案：「要不要在事業部試辦這項培訓？」

有位事業部長舉手贊成。

在同意試辦的事業部挑選與銷售有關的幾十名職員，發出培訓通知。

在4月中舉辦培訓。

也決定了原型的驗證方法。

> ■ 目標：報名／參加 30 名，滿意度 90 分。
> ■ 透過當天參加者的反應和問卷調查意見，自我評價並驗證是否具備抱持聽顧客說話的動機和技能。
> ■ 實施培訓後，追蹤調查業務活動，掌握活用狀況。

結果如何呢～？
興奮興奮！

原本假如能驗證「藉由培訓提升了營業額」便是最好的結果。然而實際上透過資料分析後，得知營業額和其他各種因素有關。

現實中，培訓後很難馬上提升營業額。

因此將評價基準定為「業務員的行動透過培訓改變了」。這需要踏實長期的訓練。

藉由**原型模組**整理後便如下圖表。

■原型模組

【例】聆聽力培訓　試辦課程

想要驗證的假說	如果抱持聽顧客說話的動機，

原型	試辦「聆聽力培訓」。
原型的製作方法	・挑選公司外部培訓講師，開 ・向十幾名事業部長提案，挑 ・向事業部職員發出培訓通
原型的驗證方法	・目標值：報名／參加30名， ・透過當天參加者的反應和問 　說話的動機和技能。 ・實施培訓後，追蹤調查業務

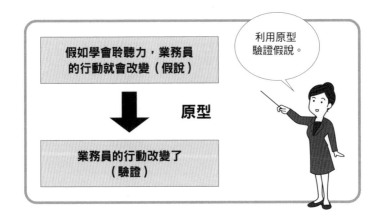

培養聆聽的技能，業務員的行動就會改變。

發1日培訓課程（上課和角色扮演）。
選願意合作的事業部長。
知，在4月中舉辦。

滿意度90分。
卷調查意見，自我評價並驗證是否具備抱持聽顧客

活動，掌握活用狀況。

驗證模組──
取得成果與需調整項目

4月試辦了「聆聽力培訓」。
學到了許多經驗。

首先參加者人數，幾乎如同預期。
當上人才培育部長之前的我，覺得「大家都不
願意參加培訓」，不過現實中有許多員工積極地
參加。

而且參加者的滿意度非常高。

滿意度97分！
幾近滿分！

原來如此～
很有助益呢～

這樣的意見也不少。

的確仔細一想，之前並未聆聽顧客説話，

今後應增加聆聽的時間，掌握顧客的課題。

在之後的追蹤調查中，許多參加者在日常活動中能活用培訓的方法論，也懂得掌握新的課題。

嗯嗯～
是這樣啊……

（的確仔細聆聽，
也能了解課題……）

另一方面，參加者表示……

希望能提供加強
銷售業務的內容。

也有這種要求，因此決定開發進階課程。

向其他事業部長說明結果後——

我們也想
培訓！

後來每一季都在2～3個事業部實施培訓。

於是藉由原型能驗證這個假說：

如果抱持聽顧客說話的動機，培養技能，業務員的行動就會改變。

假說得到驗證！

利用**驗證模組**整理就如下表，於是累積學習，不斷持續改善。

■驗證模組

【例】聆聽力培訓　試辦課程

想要驗證的假說	如果抱持聽顧客說話的動機，

執行結果：第1回聆聽力培訓課程

項目	目標
招攬客人	報名／參加30名
滿意度	滿意度90分以上
參加者的反應	自我評價
追蹤調查	確實有活用

結果順利者

項目	分析與學習
理解顧客的課題	能徹底理解「想要掌握課題，就得先聆聽」。

結果不順利者

項目	分析與學習
銷售應用	希望能加強銷售業務的要求。

培養技能，業務員的行動就會改變。

結果
報名33名（目標＋10％）
顧客滿意度97分
「仔細一想，的確之前並未聽顧客説話。今後應增加聆聽的時間，掌握顧客的課題。」
「許多參加者在日常的銷售活動中活用本次培訓的方法論，也變得能夠掌握新的課題。」

應變方案
對其他事業部長也提出本事業部的試辦成果，並且繼續發展。

應變方案
開發進階課程。

成果可視化模組—
其它單位也能直接應用

多虧團隊成員，漸漸地取得巨大的成果。

於是從日本IBM的其他部門和海外IBM的人才培育部門，開始委託我：

因此我讓企劃的全貌可視化。

在此也完成了成果可視化模組，
和第2章相同，全新思考出這幾項：

- **各項措施的結果**
- **整體的成果**
- **學習與行動**

首先是**措施的結果**。（實際的措施有將近10項，在此只介紹主要的項目。）

聆聽力培訓……

按照計畫在第二季試行，在第三季正式展開。

1年內有180人聽講，能提升對顧客課題的洞察技能。

針對顧客業界的各別培訓……

按照計畫在第二季試行，在第三季正式展開。參加者增加到前年的3倍。軟體事業本部業務員的業界知識有所提升。

產品技術培訓……

　　邀請海外的技術專家，比前年能提供更
多員工培訓的機會。

　　最重要的**整體的成果**為：

　　員工技能提升的結果，對這段期間軟體
事業的成長有極大的貢獻。
　　工作的幹勁也提升了。

結果順利者<ruby>為<rt>：</rt></ruby>

經由提升員工的技能，銷售力強化得以實現。

另一方面也有人表示：「希望公司外部的合作夥伴也能接受培訓。」

IBM軟體產品也有在公司外部的合作公司販售（如經銷商）。

而下一項措施是，也要進行公司外部合作夥伴的技能培養。

也有**需改善之處**：

　　軟體事業以外的IBM員工也表示希望參加。

　　因此對全公司公開培訓資料，讓大家能夠自習。結果，有更多員工可以支援販售IBM軟體產品。

　　我在2012年3月到任後，以每一季的改善為主，並沒有年度計畫。

　　不過某種程度的長期計畫也是必要的。

　　因此2013年以後也開始制定年度技能培育計畫。

211

藉由**成果可視化模組**整理後就如下表。

■成果可視化模組

【例】軟體事業、人才培育業務

項目	內容
現況	雖然業務員很努力推銷，不過賣得不好。
差距和原因分析	近年IBM增加許多新商品，但沒有培養業 和性能訴求很有效，而現在是「業務型」 解決顧客業務課題的技能。
應該解決的問題	掌握、理解顧客的課題，培養業務員能夠
目標對象是誰？	軟體事業本部的十幾名事業部長。
對方的痛處	事業部員工的銷售技能不足，無法獲得案
自己的長處	身為人才培育部長，能夠根據事業策略，
價值主張	向煩惱員工缺乏技能的諸位事業部長，提

措施與結果 （僅有部分措施）	措施	
	聆聽力培訓	
	針對顧客業界知識的培訓	
	產品技術培訓	

商業成果	由於員工的技能提升，對軟體事業的成長
學習與下一步行動 （僅有部分措施）	■**結果順利者** ・經由提升員工的技能強化銷售力→下期 ■**需改善之處** ・軟體事業本部以外的許多員工也希望參 ・以季度周期的改善為主，沒有年度計畫

務員銷售新商品的基本技能。以前是「基礎建設型」商品，功能説明商品，解決企業在執行業務上遇到的課題才是關鍵。但IBM沒有培養

提案解決的技能。

子，不能達成營業目標。

分析事業部的課題，並且制定、提出人才培育策略。

供掌握課題、強化提案力技能的培訓，實現事業成長。

結果
2Q試行／3Q展開。180人聽講，提升對顧客課題的洞察技能。
2Q試行／3Q展開。參加者是前年的3倍，事業部的業界知識提升。
邀請海外的技術專家，比去年能提供更多員工培訓的機會。
做出貢獻。

也將在公司外部的合作公司展開培訓。

加→對全公司公開培訓資料，讓大家能夠自習。
→制定年度技能培育計畫。

2013年6月，擔任人才培育部長1年4個月的我，離開待了30年的日本IBM。

沒有經驗的人才培育業務，
雖然期間不長，卻是深刻的體驗，
並且**人才培育變成我的第2項天職**。

其他許多項工作，也全都以這個流程推動企劃，並取得成果。

我自立門戶後，向許多業界的客戶介紹這個企劃方法，客戶也取得了成果。

接下來輪到你了。

第 **4** 章

行銷企劃時
該注意的陷阱

別變成模組的奴隸！

　　前面以活用模組為主，介紹了推動企劃的方法，不過還有一個重點。

　　其實，這樣的例子非常多。

把模組全都填完
企劃就完成了！
……好，做完了！

匆忙
匆忙

這項企劃的
目的是什麼？
重點是要做什麼？

唔
是什麼呢？

不去思考「想要透過企劃達成什麼目的？」作業時只把填完模組當成目標，就會變成這樣。

填完模組
並不是目的。

版型是製作漂亮衣服的手段，使用版型前需要思考「想製作哪種衣服」這個目的。

同樣地，企劃的模組不過是製作優秀企劃的手段之一。

原本就應該經常思考「**想要透過這項企劃達到什麼目的？**」

不要變成
模組的奴隸！

鼓起勇氣捨棄！
精準聚焦吧！

　　應該思考具體的企劃，然而現實中有太多並不具體的企劃，例如下方這個⋯⋯

> 這項商品企劃的目標顧客是誰？

> 世界上所有的人啊！因為想要賣給很多人。

> 唔嗯～客群也太廣了吧？

> 那就改成一般消費者吧～

> 那樣一點也不具體啊。

> 因為若是具體一點，就必須縮小客群，
> 可是我想要賣給很多人。

> 可是顧客也能選擇其他產品啊。

> 這項企劃沒問題的啦！

> 唔嗯～我覺得不會那麼順利耶⋯⋯

 說得那麼簡單，不然你自己來啊⋯⋯

　　因為不能鎖定對象，才會無法具體化，想要鎖定對象就必須捨棄些什麼，但是許多人不擅長「捨棄」的作業。

說起來我也是
不太會丟東西。
房間裡都是破爛東西。

　　然而無法聚焦的企劃，會埋沒於「其他眾多企劃中」而失敗。

　　基於奇怪的平等主義，最後做出來的折衷企劃案是最糟糕的。

鼓起勇氣捨棄！
聚焦目標吧！

比起注重細節，
　更要注意首尾一貫！

希望大家依序重新檢視製作的模組，有沒有矛盾之處呢？

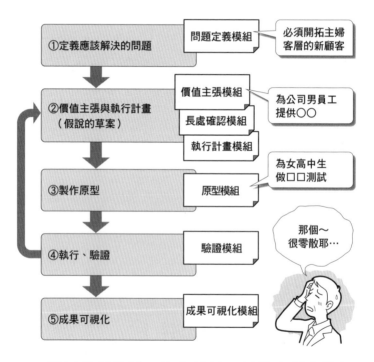

這不是玩笑話，沒有首尾一貫的企劃真的很多，這些是失敗作。

　　太過拘泥於細微部分，整體的方向不見後，全部就會很糟糕。

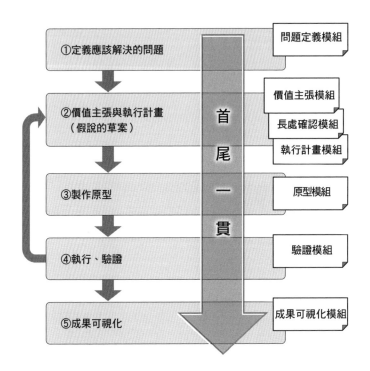

細微的差異之後再調整，
首先要讓整體首尾一貫！

別忘了企劃的目標對象

這種例子也很多。

企劃
完成了！

顧客是誰？
顧客的好處是什麼？
為何顧客會選這項企劃，
而不是別的？

唔。
這、這個⋯⋯

這是典型的並非顧客角度的企劃。

能有市場導向構想的人，腦中經常住著一位「嘮叨的顧客」。

附 錄

七大模組

本服務可能不經預告終止，敬請留意。

真誠地感謝您將本書讀到最後。

經由左頁的 QRCODE，能下載七大模組的 PDF 檔，作為購買本書的優惠內容。

亦可至官網 www.17buy.com.tw 下載專區。

◉本書介紹的七大模組

■問題定義模組

■價值主張模組

■長處確認模組

■執行計畫模組

■原型模組

■驗證模組

■成果可視化模組

◉在此也跟大家分享幾個我日常使用的企劃工具，如下條列：

■以下分為「提高品質」與「提升效率」兩大類工具：

・利用工具提高企劃品質的思考方式

企劃品質提升工具：KOKUYO 的 B5 筆記本

企劃品質提升工具：對話

企劃品質提升工具：電話／Skype／Zoom

企劃品質提升工具：閒聊

・利用工具提升企劃效率的思考方式

企劃效率提升工具：Evernote

企劃效率提升工具：日經電子版

企劃效率提升工具：NIKKEI TELECOM

企劃效率提升工具：Excel

企劃效率提升工具：智慧型手機名片管理

■問題定義模組

現況	
應有的樣貌	
差距和原因	
應該解決的問題	

	年　月　日	No.

▶參照頁面：p.89、96、100、174

■價值主張模組

企劃名稱

簡述價值主張的設定	

目標對象描述	
觀察目標對象後的紀錄	
目標對象的痛處	
自己的長處	
解決痛處的方法	

	年　　月　　日	No.

▶參照頁面：p.89、102、116、184

■ 長處確認模組

自己的長處	

	驗證
就目標對象而言的價值 Value	
稀少性 Rarity	
模仿困難度 Inimitability	
組織的機制 Organization	

	年 月 日	No.

	評價與對應

▶參照頁面：p.89、108、114、182

■執行計畫模組

措施	內容

			年　　月　　日	No.

	期限	

▶參照頁面：p.89、120、124、190

■原型模組

企劃名稱

想驗證的假說	
原型	
原型的 製作方法	
原型的 驗證方法	

		年　　月　　日	No.

▶參照頁面：p.89、127、132、198

■驗證模組

企劃名稱

想驗證的假說	

執行結果：

項目	目標

結果順利者

項目	分析與學習

結果不順利者

項目	分析與學習

	年　　月　　日	No.

	結果

	應變方案

	應變方案

▶參照頁面：p.89、134、140、204

■ 成果可視化模組

企劃名稱	

項目	內容
現況	
差距與原因分析	
應該解決的問題	
目標對象是誰？	
對方的痛處	
自己的長處	
價值主張	
措施與結果	措施
商業成果	
學習與下一步行動	■結果順利者 · · ■須改善之處 · ·

	年　　月　　日	No.

	結果

▶參照頁面：p.89、143、144、146、152、212

國家圖書館出版品預行編目（CIP）資料

完全圖解 1 小時學會精準行銷：七個企劃模組幫
你完全命中客群需求 / 永井孝尚著；蘇聖翔譯. --
初版. -- 臺北市：易富文化有限公司, 2021.02
　　面；　公分

ISBN 978-986-407-157-9(平裝)

1.行銷學 2.行銷策略

496　　　　　　　　　　　　110000140

完全圖解1小時學會
超実践
マーケットイン
企画術
精準
行銷
七個企劃模組幫你完全命中客群需求

書名 / 完全圖解1小時學會精準行銷
作者 / 永井孝尚
繪者 / 齋藤稔
譯者 / 蘇聖翔
發行人 / 蔣敬祖
出版事業群總經理 / 廖晏婕
銷售暨流通事業群總經理 / 施宏
總編輯 / 劉俐伶
視覺指導 / 姜孟傑、鄭宇辰
排版 / Joan Cheng
法律顧問 / 北辰著作權事務所蕭雄淋律師
印製 / 金濱印刷事業有限公司
初版 / 2021年2月
出版 / 我識出版教育集團──易富文化有限公司
電話 / (02) 2345-7222
傳真 / (02) 2345-5758
地址 / 台北市忠孝東路五段372巷27弄78之1號1樓
網址 / www.17buy.com.tw
E-mail / iam.group@17buy.com.tw
facebook 網址 / www.facebook.com/ImPublishing
定價 / 新台幣320元 / 港幣107元

CHO JISSEN MARKET IN KIKAKU-JUTSU
Copyright © 2019 by Takahisa NAGAI
All rights reserved.
Illustrations by Minoru SAITO
First original Japanese edition published by PHP Institute, Inc., Japan.
Traditional Chinese translation rights arranged with PHP Institute, Inc., Japan.
through LEE's Literary Agency.

總經銷 / 我識出版社有限公司出版發行部
地址 / 新北市汐止區新台五路一段114號12樓
電話 / (02) 2696-1357 傳真 / (02) 2696-1359

港澳總經銷 / 和平圖書有限公司
地址 / 香港柴灣嘉業街12號百樂門大廈17樓
電話 / (852) 2804-6687 傳真 / (852) 2804-6409

2011 不求人文化

2009 懶鬼子英日語

2005 意識文化

2005 易富文化

2003 我識地球村

2001 我識出版社

2011 不求人文化

2009 懶鬼子英日語

I'm 我識出版集團
I'm Publishing Group
www.17buy.com.tw

2005 意識文化

2005 易富文化

2003 我識地球村

2001 我識出版社